Nadja Lachmund

Sammlung von Versuchsprotokollen für die Bereiche Gasbrennschneiden, Montageroboter, Fügen-Stabelektrode, Pneumatisches Handling, Schraubverfahren

GRIN Verlag

Impressum:

Copyright © 2009 GRIN Verlag GmbH
Druck und Bindung: Books on Demand GmbH, Norderstedt Germany
ISBN: 978-3-656-50297-5

Dieses Buch bei GRIN:

http://www.grin.com/de/e-book/130747/sammlung-von-versuchsprotokollen-fuer-
die-bereiche-gasbrennschneiden-montageroboter

Maschinenlabor - Protokoll

Hochschule für Technik und Wirtschaft Berlin (HTW - Berlin)

Fernstudium Maschinenbau

Bearbeiter: Nadja Lachmund

Abgabedatum: 31. Mai 2009

Inhaltsverzeichnis

Abbildungsverzeichnis

Tabellenverzeichnis

1 Aufgabenstellung

Anfertigen von Protokollen für Versuche im Rahmen der Präsenzwoche und Lehrveranstaltung Maschinenlabor. Die Präsenzwoche fand vom 09.03.2009 bis 13.03.2009 am Standort Blankenburg statt. Dabei wurden folgende Versuche durchgeführt:

- Gasbrennschneiden
- Montageroboter
- Fügen-Stabelektrode
- Pneumatisches Handling
- Schraubverfahren
- Urformen
- Crimpmontage
- Abnahme von Werkzeugmaschinen

Für den Versuch Urformen mussten keine Protokolle angefertigt werden.

2 Protokolle - Maschinenlabor

2.1 Gasbrennschneiden

2.1.1 Aufgabenstellung

Kennenlernen des Verfahrens im praktischen Umgang, Einfluss von Verfahrensparametern auf die Schnittqualität

2.1.2 Versuchsdurchführung:

Bei diesem thermischen Trennverfahren wird der Werkstoff auf Entzündungstemperatur vorgewärmt, zu Oxid verbrannt und durch einen Sauerstoffstrahl aus der Schnittfuge geblasen.

Die zum Einsatz kommenden Brenngase haben verschiedene Auswirkungen auf die Schnittqualität.

Für die Anwendung dieses Verfahrens ist die Kenntnis der Abhängigkeit der Trennflächenqualität vom Werkstoff, der Art des Brenngases sowie der Schneidparameter von Bedeutung.

Abbildung 1: Gasbrennschneiden – Brennschneidemachine Ultralex 12.5

2.1.2 Versuchsaufbau

Zur Ausführung des Versuches stehen folgende Geräte und Werkstoffe zur Verfügung

1. Geräte: - Gasversorgungseinrichtung

                      - Brennschneidemaschine Ultrarex 12.5

                      - Hochleistungsbrenner IAC300L mit verschiedenen Brenn- und Heizdü-
                        sen

2. Werkstoff: - S235JRG2   DIN EN 10025   Blechdicke 20mm

3. Verbrauchsmittel: - Sauerstoff und Acetylen

Tabelle 1: Ausgangsparameter

Werkstoff	Blechdicke	Oberflächenzustand	Geräteliste/ Hilfsmittel
S235/JRG	20mm	rauh, verzundert	Brennschneidemaschine Ultralex 12.5mm NCE 280
			Hochleistungsbrenne IAC300L
			Gasversorgungseinrichtung: Druckgasflasche
			Heizdüse Nr.: 4.450.222
			Schneiddüse Nr.: 4.450.526

Es wird unter zwei Versuchsbedingungen getestet:

Tabelle 2: Versuchsbedingungen

Nr.	Schnitt/ Brenner	Brennerabstand	Druck
1	gerader Schnitt, Brenner senkrecht zur Oberfläche	5 mm	p(so2)=10 bar, p(o2)= 3bar, p(C2H2=0,6 bar
2	gerader Schnitt, Brenner geneigt zur Oberfläche (30 Grad)	5 mm	p(so2)=10 bar, p(o2)= 3bar, p(C2H2=0,6 bar

2.1.3 Versuchsergebnisse

Beim Brennschneiden kann es zur Anhaftung der Schlacke, zur Kantenaufschmelzung und übermäßigen Schnittrillenbildung kommen. Außerdem können Winkelabweichungen an der Schnittfläche auftreten. Die Ursachen können vielfältig sein. Vor allem bei handgeführten Brennern ist häufig nur die Brennerdüse verschmutzt oder beschädigt. Gerade beim autogenen Brennschneiden müssen die Vorschubgeschwindigkeit, der Sauerstoffdruck und auch die Brennerdüse genau auf den Werkstoff, die Werkstückdicke und das Brenngas abgestimmt sein, um gute Schnittqualitäten zu erzielen. Um die Auswirkung der Brennerausrichtung und die Abhängigkeit der Schnittqualität hinsichtlich der Vorschubgeschwindigkeit zu zeigen, wurden zwei Versuche durchgeführt:

- Im Versuch 1 (Abbildung 2) wurde mit geradem Schnitt geschnitten und der Brenner senkrecht zur Oberfläche gehalten. Dabei wurden drei unterschiedliche Vorschubgeschwindigkeiten pro Probe angesetzt (25-47.4m/s). Die weiteren Bedingungen sind folgende:
    - p (C_2H_2)=0,6 bar, p(O_2)=3 bar, p(SO_2)=10 bar, Brennerabstand=5 mm
- Im Versuch 2 wurde nur eine Probe mit v_s=50 cm/min geschnitten, bei dieser jedoch der Brenner um 30° geneigt zur Oberfläche geführt.
    - p (C_2H_2)=0,6 bar, p(O_2)=3 bar, p(SO_2)=10 bar, Brennerabstand=5 mm

Abbildung 2: Versuch 1, Gerader Schnitt, Brenner senkrecht zur Oberfläche

Abbildung 3: Proben 1-7 nummeriert, Versuch Gasbrennschneiden

Tabelle 3:Versuchsauswertung: Versuch 1:Gerader Schnitt, Brenner senkrecht zur Oberfläche

Probe Nr.	v(s) (cm/min)	Unregelmäßigkeiten an Schnittkanten	Unregelmäßigkeiten an Schnittflächen	Schlacken	Risse	Sonstige Unregelmäßigkeiten
4	25	leichter Kantenüberhang an Schnittoberkante einmaliger Schlackenbart	Schnittfugenerweiterung an Werkstoffunterseite leichte Schnittwinkelabweichung	Schlackenbart 1x großer Schlacketropen	keine	keine
5	35	leichter Kantenüberhang an Schnittoberkante geringe, stellenweise Kantenanschmelzung an der Unterseite	Schnittwinkelabweichung Schnittfugenerweiterung an der Werkstoffunterseite	Schlackenbart 1x großer Schlacketropen	keine	keine
6	47.5	leichter Kantenüberhang an Schnittoberkante	größere Rauhtiefe als Probe 4 oder 5 größere Rillentiefe	gleichmäßiger Schlackenbart über gesamte Schnittkante	keine	keine

Tabelle 4:Versuchsauswertung: Versuch 2:Gerader Schnitt, Brenner 30° geneigt zur Oberfläche

Probe Nr.	v(s) (cm/min)	Unregelmäßigkeiten an Schnittkanten	Unregelmäßigkeiten an Schnittflächen	Schlacken	Risse	Sonstige Unregelmäßigkeiten
N1	50	leichter Werkstoffkantenüberhang an Schnittoberkante einmaliger Schlackenbart	Kolkungsanhäufung am Anfang im unteren Schnittflächenberecih	großer Schlackenbart über untere Schnittkante	keine	keine

2.1.4   Analyse und Auswertung

Bewertung der Ergebnisse Versuch 1:

Der Kantenüberhang der Proben 4-6 weist auf eine möglicherweise zu starke Heizflamme hin. Weitere Ursachen können sein, dass der Brennervorschub zu langsam, Düsenabstand vom Blech zu klein oder zu groß und/oder die Düse für die zu schneidende Blechdicke zu groß ist. Theoretisch ist auch möglich, dass die Flamme einen Brenngasüberschuss hat. Da der Kantenüberhang bei allen Proben mit gleicher Intensität auftritt und nicht mit steigender Brennergeschwindigkeit ab- oder zunimmt, ist die Ursache eher im Düsenabstand zu suchen. Da dieser während der Versuche nicht variiert wurde, kann die Gruppe hierzu keine Aussage machen. Bei Probe 4 und 5 zeigt der Werkstoff zusätzlich Schnittfugenerweiterungen an der Werkstoffunterseite, ein weiteres Indiz für einen zu hohen Düsenabstand vom Blech, (der bei Probe 6 mit der höheren Geschwindigkeit vielleicht kompensiert wurde) oder eine verschmutzte, beschädigte und abgenutzte Düse. Betrachtet man dazu die in Probe 4 und 5 auftretende Schnittwinkelabweichung weist dann vieles auf eine verschmutzte, beschädigte oder abgenutzte Düse hin.

Probe 6, welche mit der höchsten Geschwindigkeit geschnitten wurde, weist eine größere Rautiefe sowie Rillentiefe als Probe 4 und 5 auf. Dies ist ein Anzeichen dafür, dass die optimale Schneidgeschwindigkeit überschritten wurde, der Brennervorschub zu schnell erfolgte. Daher scheint die optimale Geschwindigkeit zwischen 35-47,5 cm/min zu liegen mit größerer Nähe zur 47,5.

Der bei allen Proben auftretende Schlackenbart weist auf einen zu schnellen oder zu langsamen Brennervorschub hin, was ebenfalls der Theorie entspricht, dass die optimale Schneidgeschwindigkeit zwischen den Geschwindigkeiten Probe 5 und Probe 6 liegt Gleichzeitig ist der Schlackenbart ein Indiz für verzunderte, verschmutzte oder verrostete Blechoberfläche hin. Da dieser Schlackenbart auch bei probe N1 (Versuch2) auftritt geht die Gruppe davon aus, dass das benutzte Blech verzundert, verschmutzt oder verrostet ist.

Abschließend ist zu Versuch 1 zu sagen, dass es eine von den äußeren Bedingungen (Brennbarkeit der Metalle, Leichtflüssigkeit der Oxide, geringe Wärmeleitfähigkeit des Schneidgutes, Zündtemperatur im Sauerstoff unter der Schmelztemperatur, Schmelztemperatur der Oxide niedriger als Schmelztemperatur des Metalls) abhängige optimale Schnittgeschwindigkeit gibt, mit folgenden Abhängigkeiten:

- Hohe Flammentemperaturen garantieren schnelles und sicheres Brennschneiden. Sie sind ausschlaggebend für die Schnittgeschwindigkeit.
- Beim autogenen Brennschneiden, das ohne besondere Maßnahmen nur für Stahl einsetzbar ist, erfolgt die Erwärmung hauptsächlich über eine chemische Reaktion, deren Geschwindigkeit von der Diffusionsgeschwindigkeit der Reaktionspartner abhängt. Von der Reaktionsgeschwindigkeit hängt wiederum die Schneidgeschwindigkeit ab.
- Reinheit des Brennsauerstoffes

Der unter den Versuchsbedingungen qualitativ beste Schnitt ist Probe Nr. 6.

Bewertung der Ergebnisse Versuch 2:

Der qualitativ beste Schnitt ist Probe Nr. N1 (da wir nur eine geschnitten haben).

Im Gegensatz zum Schnitt ohne Brennerneigung gibt es größere Unregelmäßigkeiten an den Schnittkanten sowie einen ausgeprägteren Schlackenbart. Diese Unregelmäßigkeiten sind logisch, trotz gering höherer Schnittgeschwindigkeit (die optimale hängt vom Material, Brennerabstand, Materialdicke ab) hat der Brenner ein (trotz gleicher Materialdicke wie Versuch 1) einen „weiteren" Weg zu schneiden, da die 30° Neigung eine größere Schnittfläche erzeugt.

2.2   Montageroboter

2.2.1   Aufgabenstellung

Für die Gestaltung einer Roboterzelle zur Montage einer Kfz- Zahnradpumpe (siehe Anlage) sollen Erfahrungen gesammelt werden, über
- Arbeitsweise und Programmierung des Roboters
- Genauigkeitsanforderungen an Roboter, Bauteil und Greifer
- Greifpunkte der Bauteile und deren Handhabung
- Anordnung der verschiedenen Anschlussgeräte

Als Ergebnis der praktischen Versuchsdurchführung soll der Scara- Roboter von Ihnen so eingerichtet und programmiert sein, dass er selbstständig die Montage der Baugruppe durchführt.

Zur erfolgreichen Durchführung des Versuches sind nachstehende Vorarbeiten erforderlich:
- Machen Sie sich mit der Bedienungsanleitung und der Zellengestaltung vertraut
- Erstellen Sie eine Arbeitsablaufskizze zur Montage der Baugruppe
- Untersuchen Sie die Greifmöglichkeiten der einzelnen Bauteile
- Treffen Sie Überlegungen zur Gestaltung der Roboterzelle unter Beachtung der notwendigen Zu- und Abfuhreinrichtungen

2.2.2   Versuchsdurchführung

Tabelle 5:Versuchsdurchführung Montageroboter

Nr.	Beschreibung des Arbeitsschrittes	ja/nein
1	Festlegung de einzelnen Greifpunkte in Abhängigkeit vom Greifer	
2	Überprüfen der Montagereihenfolge	ja (weiter zu Schritt 3), nein (zurück zu Schritt 1)
3	Festlegung und Benennung der notwendigen Orientierungspunkte (Greiferbewegung)	
4	Erstellung der Befehlsfolge zur Ablaufsteuerung des Roboters	
5	Durchführung der "teach in" Funktion, welche dem Roboter die Koordinaten zu den festgelegten Punkten zuweist	
6	Testen im Einzelschrittbetrieb	ja (weiter zu Schritt 8), nein (weiter zu Schritt 7)
7	ggf. Korrektur	
8	Testen im Automatikbetrieb	
9	Ausdrucken des Montageprogramms für das Protokoll	

2.2.3   Versuchsaufbau

Zur Ausführung des Versuches stehen folgende Geräte zur Verfügung:

- Industrieroboter Scara mit Steuerung
- Montagepalette
- Baugruppe „Zahnradpumpe"
- Greifer

In den folgenden Abbildung 4 und 5 ist die Anordnung der Teile auf der Montageplatte ersichtlich. Mittels Nummerierung der zu montierenden Teile (1-8) und deren Positionen bei der Endmontage wird die Reihenfolge des Ablaufes ersichtlich.

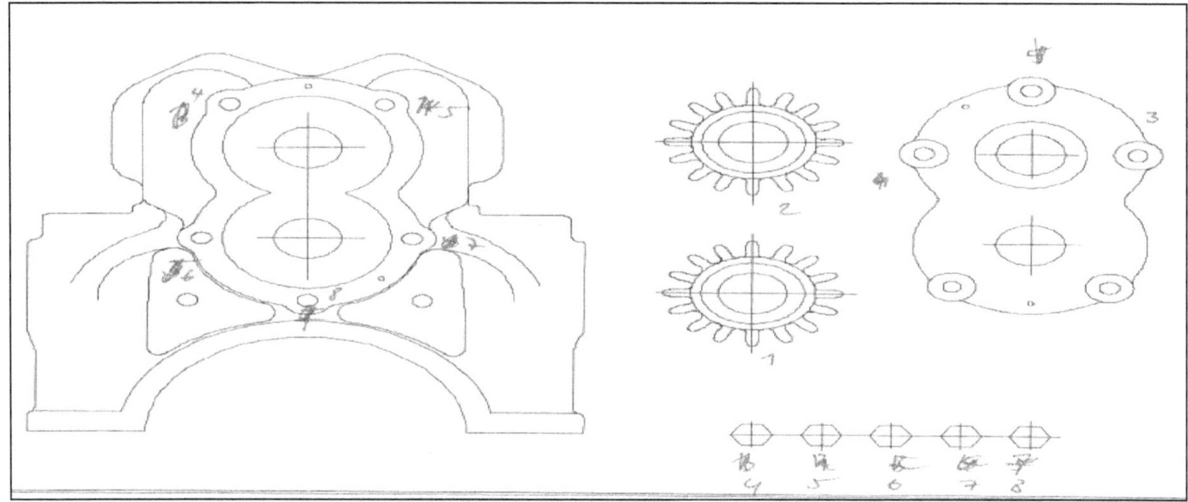

Abbildung 4: Aufbau der Roboterzelle/ Skizze

Abbildung 5: Aufbau der Roboterzelle/ Versuchsaufbau (Teile 1-6 montiert)

2.2.4   Vorüberlegungen

Der Montageroboter soll möglichst kurze Wege fahren, um eine effiziente Handhabung zu gewährleisten. Die Montage der Teile 1, 2 und 3(Antriebsritzel, Abtriebsrad, Gehäusedeckel) erfolgt aus konstruktionstechnischen Gründen im ersten und zweiten Arbeitsschritt. Danach werden die Schrauben (4-8) montiert. Die Reihenfolge der Schraubenmontage wurde so festgelegt, dass eine optimale Wegführung des Roboters hinsichtlich Wegeslänge gewährleistet ist. (Arbeitsschritte 1 und 2 laut Tabelle 3)

Die Festlegung und Benennung der notwendigen Orientierungspunkte sowie die Erstellung der Befehlsfolge zur Ablaufsteuerung des Roboters erfolgt gemäß vorher der vorher in Schritt 1 und 2 festegelegten Montagereihenfolge.

I. Das Antriebsritzel wird am Zapfen gegriffen und senkrecht angehoben

II. Das Abtriebsrad wird am Zahnfuß gegriffen und senkrecht angehoben, andere Greifpunkte zum Beispiel Außendurchmesser der Bohrung sind nicht möglich, da der Montageplatz fehlt.

III. Der Gehäusedeckel wird möglichst an den Bohrungen für die Befestigungsschrauben gegriffen, da dort die Fertigungsgenauigkeit höher ist als an der gegossenen Außenkontur.

IV. Die Schrauben werden am Schraubenknopf in der immer gleichen Reihenfolge gegriffen.

Der erste Test im Einzelschrittbetrieb ist erfolgreich, so dass Schritt 7 übersprungen werden kann und die Anlage im Automatikbetrieb mit erfolgreichem Ergebnis getestet wird.

Das Montageprogramm ist in Kapitel 2.2.5 ersichtlich.

2.2.5   Versuchsergebnis

Auf der Basis der Vorüberlegungen wurde der Montageroboter folgendermaßen programmiert:

```
;;STEUERUNG              =RHO3
;;KINEMATIK            :(1=ROBI_1)
;;ROBI_1.ACHSNAMEN  = A_1,A_2,A_3,A_4
;;ROBI_1.KOORDINATEN = X_K,Y_K,Z_K,C_K
```

PROGRAMM BSP06

```
AUSGANG: 6=GRwechsel,
     7=fuegehilfe,
     8=Grauf,
     9=grzu
EINGANG: 1=GRoffen,
     2=Zangengr,
     3=Parallelgr
BINAER:  auf,zu,fest,lose,zanggr,paragr
DEZ:    leer   ;0=Greifer nur Ablegen
            ;1=Greifer aus Station 1 holen
            ;2=Greifer aus Station 2 holen


ANFANG
fahre P1 ;Startpos über Lagerpos Teil1
Greiferauf
fahre P2 ;Greifpos Teil1
Greiferzu ;2 Stifte greifen in Zahnlücken Ritzel 1
fahre P1 ;Teil1 angehoben
fahre P3 ;über Montagepos Teil1
fahre P4 ;Montagepos Teil1
Greiferauf
fahre P3 ;über Montagepos Teil1
fahre P5 ;über Lagerpos Teil 2
fahre P6 ;Greifpos Teil2
Greiferzu ;Welle Ritzel 2 greifen
fahre P5 ;über Lagerpos Teil2
fahre P7 ;über Montagepos Teil2
fahre P8 ;Montagepos Teil2
Greiferauf
fahre P7 ;über Montagepos Teil2
fahre P9 ;über Lagerpos Teil3
fahre p10 ;Greifpos Teil3
Greiferzu ;Deckel in 2 Bohrungen und außen greifen
fahre P9  ;über Lagerpos Teil3
fahre P11 ;über Montagepos Teil3 Platte gedreht über Pumpe
fahre P12 ;Montagepos Teil3
Greiferauf
fahre P13 ;Greifer freifahren
fahre P14 ;Greifer freifahren über Montagepos.
```

```
;Anfang Schrauben
fahre P15 ;über Lagerpos Teil4
fahre P16 ;Greifpos Teil4 erste Schraube
Greiferzu ;Schraube am Kopf greifen
fahre P15 ;über Lagerpos Teil4
fahre P17 ;über Montagepos Teil4
fahre P18 ;Montagepos Teil4
Greiferauf
fahre P17 ;über Montagepos Teil4
fahre P19 ;über Lagerpos Teil5
fahre P20 ;Greifpos Teil5 zweite Schraube
Greiferzu
fahre P19
fahre P21
fahre P22
Greiferauf
fahre P21
fahre P23 ; Nr3
fahre P24 ; Greifpos Teil6 dritte Schraube
Greiferzu
fahre P23
fahre P25
fahre P26
Greiferauf
fahre P25
fahre P27 ; Nr4
fahre P28 ; Greifpos Teil7 vierte Schraube
Greiferzu
fahre P27
fahre P29
fahre P30
Greiferauf
fahre P29
fahre P31 ; Nr5
fahre P32 ; Greifpos Teil8 fünfte Schraube
Greiferzu
fahre P31
fahre P33
fahre P34
Greiferauf
fahre P31
fahre P1
PROGRAMM_ENDE

;****************************************************************
UP Greiferauf
ANFANG
grzu=0
grauf=1
RSPRUNG
UP_ende
```

```
;**********************************************************
UP Greiferzu
ANFANG
grauf=0
grzu=1
warte 0.3
RSPRUNG
UP_ENDE
;**********************************************************
UP greiferw (dez:soll)
ANFANG

wenn parallelgr und (soll=1)    ;Parallelgreifer da und auch soll
dann rsprung
wenn zangengr und (soll=2)
dann rsprung

wenn (nicht parallelgr) und (nicht zangengr) und (soll=0)
dann rsprung

grauf=0
grzu=0
paragr=parallelgr
zanggr=zangengr
fahre @(-93.89,-57.42,200,333.13)
loop:                            ; Einsprungstelle wenn gleich neuer Greifer

wenn (parallelgr ODER (soll=1))und (nicht zangengr)
dann @pos1=@(-121.62,-25.16,93.5,328.59)         ; Position vor Einfahrt in Ablagestati-
on 1
sonst @pos1=@(-91.40,-67.08,93.5,340.30)         ; Position vor Einfahrt in Abl

wenn (nicht parallelgr)und(nicht zangengr)
dann sprung loop

RSPRUNG
UP_ENDE
```

Nach der Programmierung wurde ein erfolgreicher Probelauf durchgeführt, so dass das Experiment damit abgeschlossen werden konnte.

2.3 Fügen- Stabelektrode

2.3.1 Aufgabenstellung

Kennenlernen des Verfahrens im praktischen Umgang. Bestimmung der Leistungskenngrößen beim Schweißen mit unterschiedlich umhüllten Stabelektroden. Erkennen der Abhängigkeit der Leistungskenngrößen von Stabelektroden und von Schweißparametern. In Anlehnung an DIN EN 22401 sollen an umhüllten Stabelektroden folgende Leistungskenngrößen ermittelt werden:

Tabelle 6: Leistungskenngrößen, Fügen- Stabelektrode

Kenngröße	Formelzeichen	Einheit	Formel
Effektive Ausbringung	R_E	%	$R_E = \dfrac{m_D}{m_{cE}} \cdot 100$
Abschmelzleistung	MR	kg/h	$MR = \dfrac{m_D}{t}$

2.3.2 Versuchsdurchführung

Für die nachfolgend genannten Aufgaben sind zu berücksichtigen:
- Schweißposition: PA
- Auftragschweißungen mit Einzelraupen
- Der gewählte Elektrodentyp sowie deren Durchmesser sind während des Versuches beizubehalten.
- Die geschweißte Probe ist im Wasserbad abzukühlen.

1. Üben Sie das Lichtbogenzünden und das Führen der Elektrode mit konstanter Lichtbogenlänge.
2. Ermitteln Sie die erforderliche Stromstärke und Spannung für den jeweiligen Elektrodentyp und vergleichen Sie diesen mit den Herstellerangaben.
3. Führen Sie den Versuch nach DIN EN 22401 durch.
4. Notieren Sie die Meßwerte und berechnen Sie die Ausbringung von Stabelektroden nach DIN EN 22401.
5. Beurteilen bzw. Beschreiben Sie Aussehen und Verhalten von Schmelze und Schlacke.
6. Aus welchen Bestandteilen besteht die Umhüllung der verwendeten Elektrode und welche Wirkungen haben diese.
7. Fertigen Sie ein Protokoll an.

2.3.3   Versuchsaufbau

Zur Ausführung des Versuches stehen folgende Geräte (siehe Abbildung 6 und 7, folgende Seite) zur Verfügung:

- Schweißstromquelle (Gleichrichter – G 500 VC/S, DTB 200 AC/DC)
- Inverter (DTE 255 AC/DC, TPS 4000, TP5000 Cel)
- Präzisionswaage
- Stoppuhr, Längenmessmittel u. a.
- Vollisolierter Stabelektrodenhalter
- Polklemme
- Schweißstromleitungen

Der zu benutzende Grundwerkstoff ist S235 JRG DIN EN 10025, der Zusatzwerkstoff eine umhüllte Stabelektrode nach DIN EN 499.

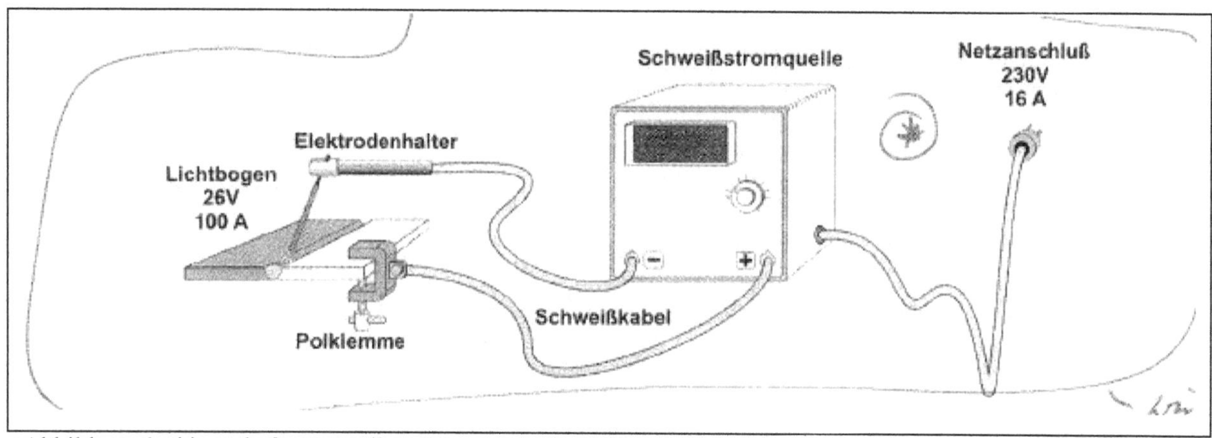

Abbildung 6: skizzenhafte Darstellung Versuchsaufbau Fügen - Stabelektrode

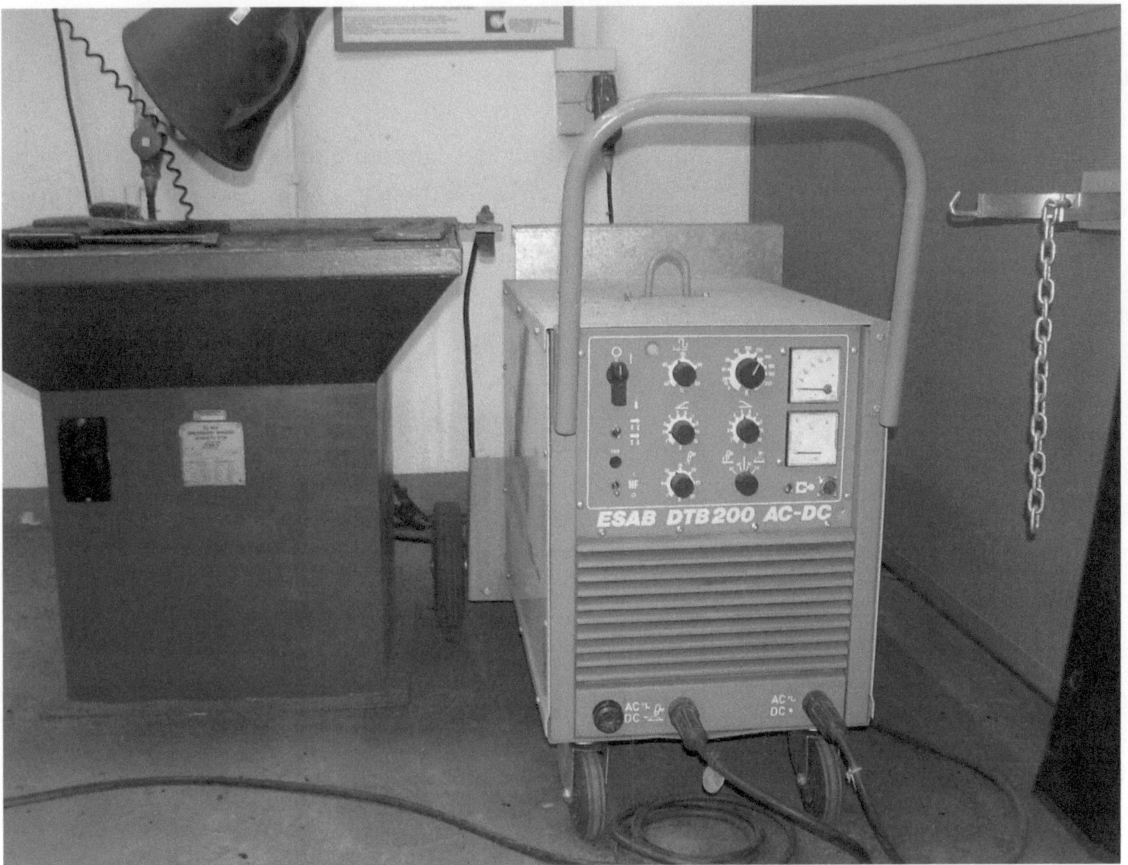

Abbildung 7: Aufbau eines Lichtbogenhandschweißarbeitsplatzes im Versuchslabor HTW

2.3.4 Versuchsdurchführung

Vor Versuchsbeginn sind alle versuchsbestimmenden Parameter der Werkstoffe und Schweißstromquelle aufgenommen worden (Tabelle 7)

Tabelle 7: Messwerteblatt: Versuch Fügen - Stabelektrode

	Arbeitsplatz 1	**Arbeitsplatz 2**
Probenwerkstoff	S235JRG2 DIN EN 10025	S235JRG2 DIN EN 10025
Probenabmaß (lxbxh) in mm	300x100x10	298x100x10
Masse Prüfstück in g	2274	2278,1
Oberflächenzustand	festanhaftender Zunder & fettig	festanhaftender Zunder & warmgewalzt
Schweißstromquelle	DTB 200 AC-DC TWINTIG/Bauart	Trans Plus Synergie 4000
Hersteller	ESAB	Fronius/ Austria
Typ	Gleichrichter	Inverter
Kennlinie	steilfallend	steilfallend
Arbeitsbereich	20-200	3-400
Stromart/-en	Gleichstrom & Wechselstrom	Gleichstrom & Wechselstrom
weitere Ausrüstungen	Schweißkabel mit Elektrodenhalter, Schweißkabel mit Polklemme	Schweißkabel mit Elektrodenhalter, Schweißkabel mit Polklemme
Zusatzwerkstoff	Stabelektrode	Stabelektrode
Hersteller	Kjellberg Finsterwalde	ESAB AB Schweden
Handelsname	Prima E6013	OK Femax 33.80
Normbezeichnung (DIN EN 499)	E380 RC 11	E 420 RR 73
Umhüllungstyp	Rutilzellulose	dick rutil umhüllt
Durchmesser in mm	4	4
Elektrodenlänge in mm	450	450
empfohlene Stromart/-en	AC-DC	AC 50 V, DC +
empfohlene Polung	DC an Minus (bei Wechselstrom AC brucht man keine Polung	DC an Plus
Empfohlener Stromstärkebereich in A	130-180	180-230

Darauf folgend beginnt der Versuch inklusive Aufnahme der unter Kapitel 2.3.2 definierten Parameter (Tabelle 8).

Tabelle 8: Versuchsmesswerte

Parameter	Messwert	Einheit	Arbeitsplatz 1	Arbeitsplatz 2
Masse Prüfstück	m (p)	g	2274,0	2278,1
Elektrodendurchmesser	d (el)	mm	4,0	4,0
Anzahl der Elektroden	n	Stück	3,0	3,0
Gesamtmasse der Elektroden	m (el)	g	180,0	345,3
Gesamtmasse der Kernstäbe	m (w)	g	132,0	131,5
	L (w1)	mm	450,0	450,0
	L (w2)	mm	449,0	450,0
Länge der Stabelektroden	L (w3)	mm	450,0	449,0
	L (w4)	mm		
	L (w5)	mm		
Gesamtlänge der Stabelektroden	L (w)	mm	1349,0	1349,0
Elektrodendichte		g/cm3	7,9	7,9
Verwendete Stromart und Polung			AC	DC +
Schweißstromstärke (0,9I (max))	I (s)	A	162,0	207,0
Schweißspannung	U(s)	V	50,0	37,0
	t (s1)	s	79,8	87,2
Abschmelzzeit der Stabelektrode (Schweißzeit)	t (s2)	s	80,6	87,6
	t (s3)	s	81,6	83,8
	t (s4)	s		
	t (s5)	s		
Gesamtzeit	t (s)	s	242,0	258,6
Gesamtmasse der Elektrodenreste	m (s)	g	16,1	20,1
Gesamtmasse der Kernstabreste	m (ws)	g	13,9	11,6
	L (s1)	mm	43,0	41,5
	L (s2)	mm	46,0	36,6
Länge der Kernstabreste	L (s3)	mm	56,0	42,0
	L (s4)	mm		
	L(s5)	mm		
Gesamtlänge der Kernstabreset	L (s)	mm	145,0	120,1
Gesamtmasse des Prüfstückes nach dem Schweißen	m (p1)	g	2378,0	2483,9

alle Massen sind auf +- 1g zu bestimmen, alle Zeiten sind auf +- 0,2s zu bestimmen, alle Längen sind auf +- 1mm zu bestimmen

Auf Grundlage der während der Versuche aufgenommenen Parameter werden die in Tabelle 9 dargestellten Berechnungen durchgeführt (folgende Seite).

Tabelle 9: Berechnung Effektive Ausbringung und Abschmelzleistung

Parameter	Einheit	Gleichung	Arbeitsplatz 1	Arbeitsplatz 2
Gesamtmasse des aufgetragenen Schweißgutes m(D)	g	$m_D = m_{P1} - m_P$	104	205,8
Gesamteffektivmassen der abgeschmolzenen Kernstablängen m(CE)	g	$m_{CE} = m_W \left(1 - \dfrac{L_S}{L_W} \right)$	117,8	119,8
Gesamteffektivmassen der abgeschmolzenen Kernstablängen m(CE)	g	$m_{CE} = m_W - m_{WS}$	118,1	119,9
Efektive Ausbringung R(EA)	%	$R_E = \dfrac{m_D}{m_{CE}} \cdot 100$	118,1	171,8
Abschmelzleistung MR	kg/h	$MR = \dfrac{m_D}{t_S} \cdot 3,6$	1,547	2,865

Nun erfolgt der Vergleich der durch die Elektrodenhersteller dokumentierten und berechneten Parameter.

Tabelle 10: Vergleich der durch die Elektrodenhersteller dokumentierten und berechneten Parameter

Stabelektrode (DIN EN 499)	Kennziffer für Ausbringung und Stromart	Ausbringung lt. DIN 499	Berechnete Ausbringung	Abschmelz-leistung
		%	%	kg/h
E380 RC 11	1	</= 105	88,06	1,547
E420 RR 73	7	> 160	171	2,865

2.3.5 Versuchsauswertung

Die Stabelektrode besteht aus einem Kernstab und einer Umhüllung. Die Stabelektrode wird zum Elektroschweißen verwendet und enthält den Zusatzwerkstoff, der zum Schweißen notwendig ist. Meistens ist dieser Zusatzwerkstoff mit einer Umhüllung umgeben, die Zusätze enthält.

Die Wirtschaftlichkeit wird geordnet nach

- Abschmelzleistung
- Ausbringung
- Streckenenergie

Die Auswahl der umhüllten Stabelektroden erfolgt meist nach den Katalogen für Schweißzusätze der Herstellerfirmen.

Mit zunehmender Stromstärke steigen die Abschmelzleistung und die damit im Zusammenhang stehende Schweißgeschwindigkeit. Auch der Einbrand nimmt mit steigendem Strom zu. Daher ist die Abschmelzleistung am Arbeitsplatz 2 um 43% höher als beim Arbeitsplatz 1. DA zudem der einstellbare Strom vom Elektrodentyp abhängt, das heißt, von der Zusammensetzung der Umhüllung, war es möglich am Arbeitsplatz 2 mit höherer Stromstärke zu schweißen und somit bessere Ergebnisse zu erzielen.

2.4   Pneumatisches Handling

2.4.1   Aufgabenstellung

Das Bauteil Lagerblech (Abbildung 8) soll gehändelt werden. Die Lagerung des Bauteils erfolgt in einem Stangemagazin (Abbildung 9). Die Bauteile werden durch eine im Magazin integrierte Zuteileinheit zum Handhaben bereitgestellt. Das Einsetzen des Bauteiles erfolgt in eine auf dem Transfersystem bereitgestellte Baugruppe soll wie in Abbildung 10 und 11 ersichtlich erfolgen. Es ist eine Montagestation zu entwerfen und funktionsfähig aufzubauen.

Abbildung 8: Lagerblech

Abbildung 9: Stangemagazin

Abbildung 10: Baugruppe

Abbildung 11: Anordnung

2.4.2 Versuchsdurchführung

In Tabelle 11 sind die Schritte der Versuchsdurchführung dokumentiert.

Tabelle 11:Versuchsdurchführung Pneumatisches Handling

Nr.	Beschreibung des Arbeitsschrittes
1	Analyse der Aufgabenstellung unter Beachtung der örtlichen Gegebenheiten, Erstellen der Lösungsvarianten
2	Erstellen einer Skizze zur Anordnung des Handlingsystems im Gesamtsystem
3	Vertrautmachen mit den einzelnen Komponenten des Handlingsystems
4	Erstellen der Stückliste der verwendeten Komponenten
5	Erstellen des Programmablaufes zum Bewegungsablauf der Handhabungseinrichtung
6	Wahl und Montage der entsprechend den Bauunterlagen benötigten Module
7	Herstellen der elektrischen und pneumatischen Verbindungen
8	Test der Funktionsfähigkeit und Richtigkeit der Anschlüsse
9	Programmierung der SPS Steuerung anhand des Programmablaufplanes
10	Justierung der Anlage, Inbetriebnahme

2.4.3 Versuchsaufbau

Zur Ausführung der Aufgabenstellung stehen zur Verfügung:

- Gestellsystem

- Transfersystem

- Stangenmagazin

- SPS Steuerung CL 100

- Auswahl von Komponenten lt. Katalog MetoFer (siehe Abbildung 12)

Abbildung 12: Katalog MetoFer – Versuch Pneutmatisches Handling

2.4.4   Versuchsauswertung

Folgende Module wurden zum Aufbau des Handlingssystemes aus dem Katalog MetoFer ausgewählt:

- 2 Linearantriebe (LH 300, LH 100)
- 1 Drehantrieb (Zangendrehkopf ZD12/180)
- 1 Vakuumeinheit (mit Saugknopf VA10.06)
- weiteres Zubehör: Ständer, Klemmstücke, etc...

Der Skizze des Lösungsaufbaus sowie ein Photo der Baugruppe ist in Abbildung 13 und 14 (folgende Seite) zu sehen.

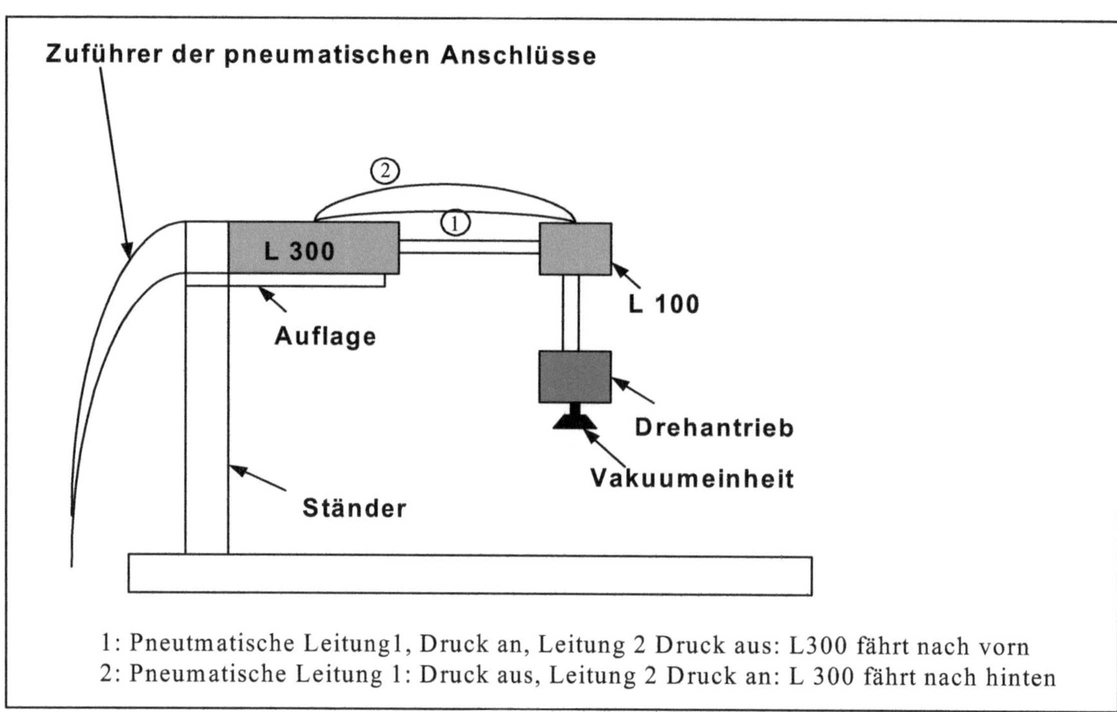

Abbildung 13: Skizze des Versuchsaufbaus, Versuch Pneumatisches Handling

Abbildung 14: Baugruppe Pneumatisches Handling

Die Gruppe entscheidet sich für die folgenden Ablauf:

I. Abfrage Lager: voll? (mittels Sensor)

II. Auslöser: Werkstück wird rausgeschoben

III. Aufnahme des Werkstückes über Vakuum oder Elektromagnet)

IV. Anheben/ Positionieren/ Absetzen

Nach der Anleitung (Abbildung XXX, folgende) wird folgende SPS Steuerung programmiert:

V6		Metallplatte raus

V6		Schieber zurück

V1		LH nach vorne

V2		VH nach unten (Vakuum ein (ohne Ventil) – Anblasen

V2		VH nach oben

V1		LH nach hinten

V4		drehen

V2		VH nach unten (Vakkum aus – Abblasen)

V2		VH nach oben

V4		zurückdrehen

Ein Fehler ist aufgetreten: Der Sauger bewegte sich mit oder die Metallplatte rutscht aus dem Sauger. Als Lösung wurden Konturelemente eingefügt, die das Werkstück fixierten.

Der Ablauf führte zu folgender Programmierung:

UP15

UP16

UP6

UP3

UP12

UP5

UP7

UP10

UP4

UP13

UP14

UP15

Die darauf erfolgende Probe war fehlerlos und der Vorgang damit mittels SPS programmiert.

2.5   Schraubverfahren

Deckel und Gehäuse einer Kfz-Zahnradpumpe sollen durch 5 Zylinderschrauben DIN 9122- M6 x 25 miteinander öldicht verbunden werden. Die Durchgangslöcher wurden nach DIN ISO 273 mittel gefertigt. Die Pumpenteile wurden aus öldichtem und verschleißfestem Sonderguß eisen gefertigt (ET $\approx$ 120 000 N/mm^2). Während des Wirkens des Betriebsdruckes von 20 bar soll noch eine Restklemmkraft von 0,5 KN je Schraube wirken. Die Schrauben sollen drehmomentgesteuert Angezogen werden. Erstellen Sie ein Steuerprogramm für die Positionierung des Schraubkopfes sowie für den Einschraubevorgang.

2.5.1   Aufgabenstellung

2.5.2   Versuchsdurchführung

In Tabelle 12 sind die Schritte der Versuchdurchführung dokumentiert.

Tabelle 12: Arbeitsschritte Versuch Schraubverfahren

Nr.	Beschreibung des Arbeitsschrittes
1	Überlegung, welche Reihenfolge sollen die Schrauben geschraubt werden
2	In welche Arbeitsschritte wird der Schraubenprozess zerlegt?
3	Definition der Drehmomente
4	Definition der Drehrichtung
5	Definitionen der Positionen programmieren

2.5.3   Versuchsaufbau

Zur Ausführung der Aufgabenstellung stehen folgende Geräte zur Verfügung:

- Schraubspindeln mit Messwertaufnehmern
- 2 NC Achsen
- 1 Steuerung PA 3000
- 1 Steuerung SE 100
- 1 Leistungsteil LTE 12
- 1 Programmiergerät (PC)
- 1 Baugruppe
- 1 Haltevorrichtung

In Abbildung 15, folgende Seite, sind drei technische Zeichnungen des Versuchsaufbaus zu sehen.

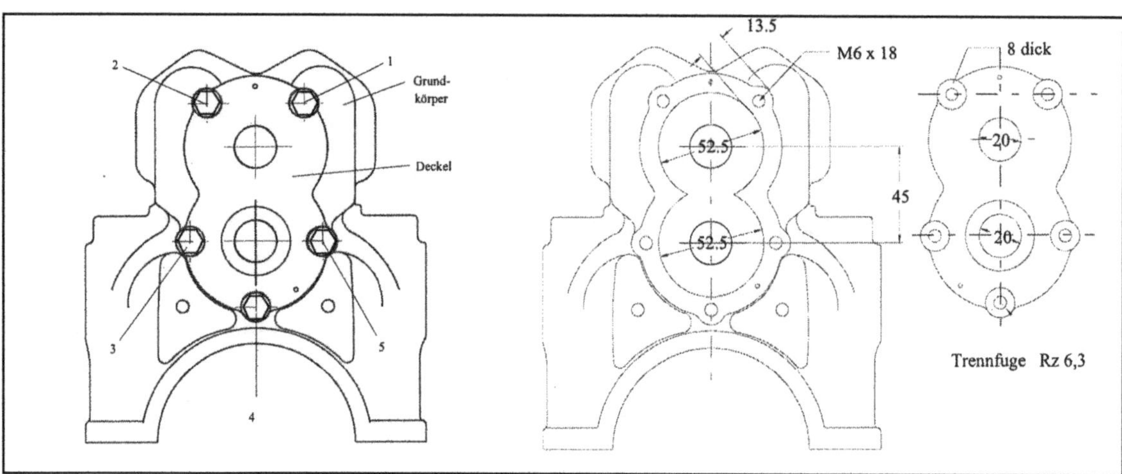

Abbildung 15: technische Zeichnung Versuchsaufbau Schraubverfahren

2.5.4   Vorüberlegungen

Festlegen der Reihenfolge der Schraubeneindrehung (Nummerierung Schrauben, siehe Abbildung 15):

S1, S3, S2, S5, S4, da Schrauben immer über Kreuz festzuziehen sind (bessere Bauteilfixierung)

Der Schraubprozess wurde in zwei Schritte zerlegt:

I.   Alle Schrauben nach festegelegter Reihenfolge leicht anziehen

II.   Im zweiten Schritt werden die Schrauben richtig fest angezogen

Das bedeutet 5 Schraubenpositionen werden zwei Mal angefahren.

Daraufhin erfolgt die genaue Positionsbestimmung, um die Schraubstation positionieren zu können:

S1:   x571   y155

S3:   x636   y98

S2:   x571   y105

S5:   x636   y161

S4:   x667   y129

2.5.5　Versuchauswertung

Unterprogrammierung: mit PA 3000 werden nur die Schrauben positioniert, V3.33 bestimmt was der Roboter auf dieser Position tun soll.

Programm 1: Schrauben einschrauben bis Anschlag = PRG1, QPG1

Programm 2: Schraube auf Drehmoment = PRG2, QPG2

Die Programmierung sieht folgendermaßen aus (der Schraubprozess ist unter Abbildung 16, folgende Seite abgebildet):

```
10   G25
20   +X571 +Y155
25   S1000
30   +X636 +Y98
35   S1000
40   +X571 +Y105
45   S1000
50   +X636 +Y161
55   S1000
60   +X667 +Y129
65   S1000
70   +X571 +Y155
75   S2000
80   +X636 +Y98
85   S2000
90   +X571 +Y105
95   S2000
100  +X636 +Y161
105  S2000
110  +X667 +Y129
115  S2000
120  END
1000 O1.1 I1.1
1005 O3.1 O4.0 O5.0 O6.0
1006 I5.1 I6.0 I7.0 I8.0
1007 O7.1
1008 I15.1
1011 O2.1
1012 T50
1013 I4.1
1014 O2.0
1015 O7.0
1017 I14.1
1020 END
2000 O1.1 I1.1
2005 O3.0 O4.1 O5.0 O6.0
2010 I5.0 I6.1 I7.0 I8.0
2011 O7.1
2012 I15.1
2015 O2.1
2020 T50
2030 I4.1
2040 O2.0
2041 O7.0
2050 I14.1
2060 END
```

Abbildung 16: Schraubvorgang, Versuch Schraubverfahren

2.6 Abnahme einer Werkzeugmaschine (Senkrechtfräsmaschine mit Kreuzschiebetisch und 6-fach Werkzeugsternrevolver FKrSRS 250 CNC 646 H)

2.6.1 Aufgabenstellung

An einer Senkrechtfräsmaschine mit Kreuzschiebetisch und 6-fach Werkzeugsternrevolver **FKrSRS 250 CNC 646 H** (Bild 1) wird die Abnahme der statischen Werte für die einzelnen vorgeschriebenen geometrischen Prüfungen nach DIN 8626 Teil 4 durchgeführt.
Auf der Grundlage der DIN erfolgt die Abnahme nach den vorgegebenen Prüfungen mit entsprechenden Prüfmitteln. An Hand der im Versuchsprotokoll festgehaltenen Abweichungen sind die Prüfergebnisse mit den zulässigen Abweichungen zu vergleichen und zu bewerten.

2.6.2 Versuchsdurchführung

Es werden zur Abnahme folgende geometrische Prüfungen vorgenommen:

- Geradheit

- Ebenheit

- Parallelität, Abstandsgleichheit, Fluchten

- Rechtwinkligkeit

- Rundlauf

- Teilungen

- Genauigkeit des geradlinigen Vorschubs von Maschinenteilen mit Spindelantrieb

- Winkelspiel

- Rastgenauigkeit von Index-Einrichtungen

- Schneiden von Achsen

2.6.3 Versuchsaufbau

Für die Ausführung der Aufgabe stehen folgende Geräte zur Verfügung:

- Werkzeugmaschine: FKrSRS 250 CNC 646 H

- Prüfmittel: Richtwaage DIN 877, Lineal DIN 874 Teil 1, Prüfklötze, Feinzeiger DIN 879 Teil 1, Messständer, Winkel DIN 875, Prüfzylinder, Umschlagarm

Eine Zeichnung des Aufbaus der Senkrechtfräsmaschine befindet sich in Abbildung 17, folgende Seite.

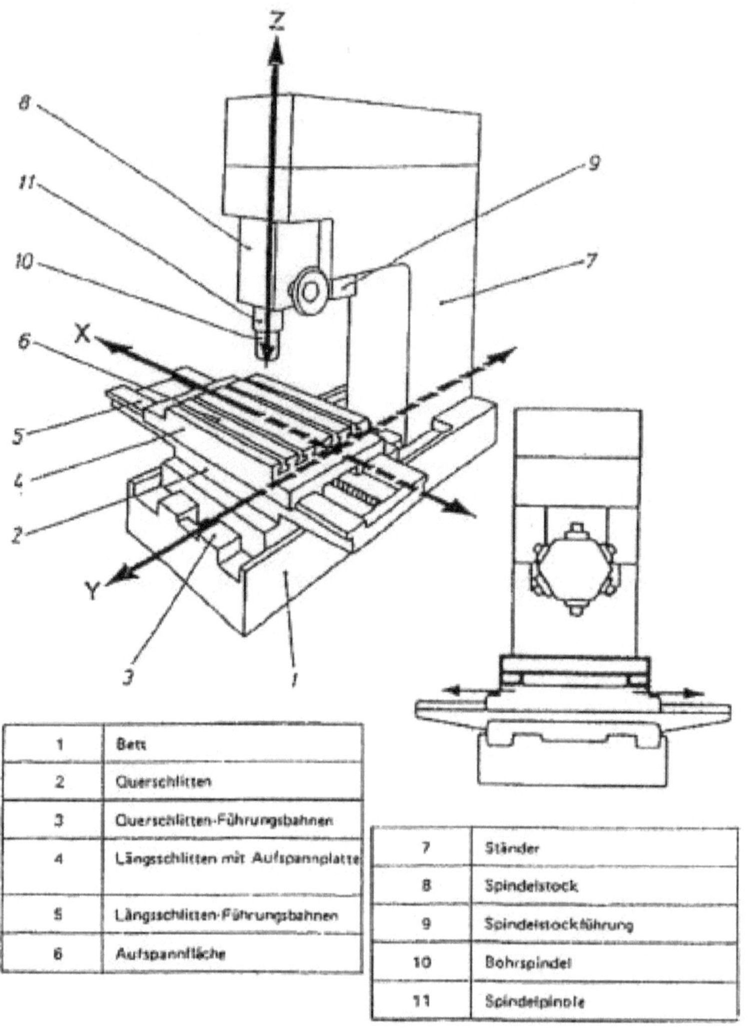

1	Bett
2	Querschlitten
3	Querschlitten-Führungsbahnen
4	Längsschlitten mit Aufspannplatte
5	Längsschlitten-Führungsbahnen
6	Aufspannfläche

7	Ständer
8	Spindelstock
9	Spindelstockführung
10	Bohrspindel
11	Spindelpinole

Abbildung 17: Aufbau einer Senkrechtfräsmaschine mit Kreuzschiebetisch und 6-fach
Werkzeugsternrevolver

2.6.4 Versuch – Aufnahme Messprotokoll

In den folgenden Tabellen 13-20 (folgende Seiten) sowie den Abbildungen 18-19 befinden

sich die Messwerte.

Tabelle 13: Geometrische Prüfung G1, Versuch Abnahme einer Werkzeugmaschine

geometrische Prüfung					
Ebenheit der Aufspannfläche		**gemessen in X-Richtung**			
	y0-x0/x1	y0-x1/x2	y0-x2/x3	y0-x3/x4	y0-x4/x5
1. Messreihe	-0,13	-0,09	-0,05	-0,02	-0,03
2. Messreihe					
1. Messreihe	-0,12	-0,08	-0,05	-0,03	0,02
2. Messreihe					
1. Messreihe	-0,12	-0,1	-0,04	-0,03	-0,015
2. Messreihe					

Tabelle 14: Geometrische Prüfung G1, Versuch Abnahme einer Werkzeugmaschine

geometrische Prüfung					
Ebenheit der Aufspannfläche		**gemessen in Y-Richtung**			
	x0/x1-y0/y1	x1/x2-y0/y1	x2/x3-y0/y1	x3/x4-y0/y1	x4/x5-y0/y1
1. Messreihe	-0,464	-0,43	-0,46	-0,46	-0,46
2. Messreihe					
1. Messreihe	-0,44	-0,41	-0,39	-0,41	-0,43
2. Messreihe					

Tabelle 15: Geometrische Prüfung G2, Versuch Abnahme einer Werkzeugmaschine

geometrische Prüfung		
Parallelität der Richt- und Mittelnut zur Längsbewegung, Messlänge=800 mm		
	Messwert	
	links/rechts	
1. Messreihe	0,03	0,019
2. Messreihe	0,011	0,005
3. Messreihe	0,01	0
4. Messreihe	0,01	0,05

Tabelle 16: Geometrische Prüfung G3, Versuch Abnahme einer Werkzeugmaschine

3   geometrische Prüfung G 3

Geradheit der Richt- oder Mittelnut

Messlänge: 700 mm

	Messwert / Messpunkt							
	links							rechts
	0	100	200	300	400	500	600	700
1. Messreihe	0	0,003	0,003	0,003	0,07	0,019	0,027	0,04
2. Messreihe	0,038	0,038	0,036	0,053	0,03	0,021	0,012	0
3. Messreihe	0	0,002	0,001	0,001	0,005	0,014	0,022	0,034
4. Messreihe	0,038	0,037	0,035	0,051	0,03	0,021	0,011	0

Tabelle 17: Geometrische Prüfung G4, Versuch Abnahme einer Werkzeugmaschine

4   geometrische Prüfung G 4

Rechtwinkligkeit der Längs- zur Querbewegung

Messlänge a: 800   mm   Messlänge b: 300   mm

	a / längs links / rechts		b / quer vorn / hinten	
1. Messreihe	0,004	0,028	0,018	0
2. Messreihe	0,014	0,016	0,018	0
3. Messreihe	0,025	0,009	0,008	0
4. Messreihe	0,014	0,008	0,005	0

Tabelle 18: Geometrische Prüfung G5, Versuch Abnahme einer Werkzeugmaschine

5   geometrische Prüfung G 5

Parallelität der Aufspannfläche   a: zur Querbewegung
Spindel-Nr. 2   b: zur Längsbewegung

Messlänge a: 3800   mm   Messlänge b: 800   mm

	vorn	a /quer	hinten	links	b /längs	rechts
1. Messreihe	0,002	0,02		0,020		0,019
2. Messreihe	0,018	0,02		0,020		0,017
3. Messreihe	0,018	0,021		0,019		0,017
4. Messreihe	0,019	0,021		0,020		0,017

Tabelle 19: Geometrische Prüfung G6, Versuch Abnahme einer Werkzeugmaschine

6   geometrische Prüfung G 6

Rechtwinkligkeit der Bohrspindeln zur Aufspannfläche

	Abtastabstand bei a Rechtwinkligkeit quer: Ø 560 ... 280 ... mm Spindel Nr.: 1. vorn / hinten		Abtastabstand bei b Rechtwinkligkeit längs: Ø 560 ... 280 ... mm Spindel Nr.: 1. links / rechts	
1. Messreihe	0,112	0	0,037	0
2. Messreihe	0,112	0,001	0,037	0,002
3. Messreihe	0,113	0,002	0,036	0,003
4. Messreihe	0,113	0,002	0,035	0,004

Tabelle 20: Geometrische Prüfung G7, Versuch Abnahme einer Werkzeugmaschine

7   geometrische Prüfung G 7

Rechtwinkligkeit der Aufspannfläche zur Senkrechtbewegung des Revolverschlittens   Spindel - Nr. 2

	a in Querrichtung der Maschine Messlänge: 300 mm oben / unten		b in Längsrichtung der Maschine Messlänge: 300 mm oben / unten	
1. Messreihe	0,002	0,001	−0,008	0,000
2. Messreihe	0,002	0,002	−0,008	−0,009
3. Messreihe		/		/
4. Messreihe		/		/

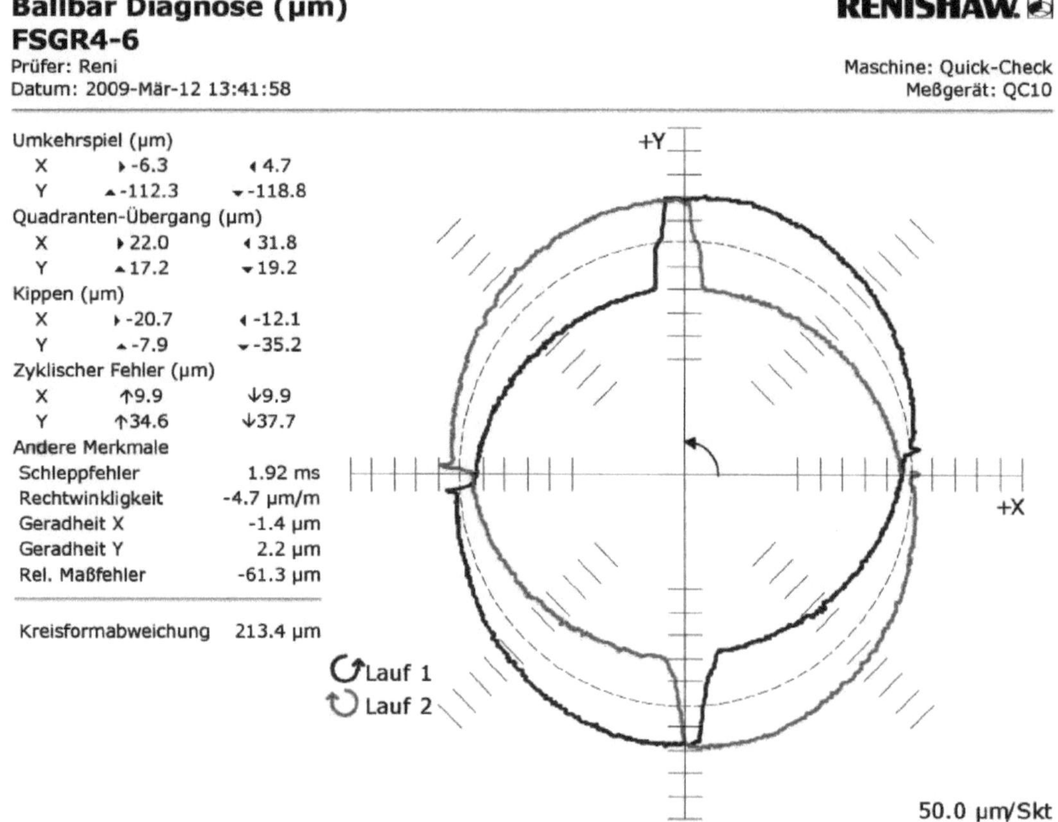

Abbildung 18: Ballbar Diagnose, Versuch Abnahme Werkzeugmaschine

2.6.5   Versuchsauswertung

<u>Geometrische Prüfung G1</u> (Ebenheit der Aufspannfläche)

Zulässige Abweichung: für **X** und **Y**: 0,03 mm
Aufspannfläche darf nur eben oder hohl sein

Ergebnis: Aufspannfläche ist in **X**-Richtung leicht konvex und in **Y**-Richtung eben und in der zulässigen Toleranz

<u>Geometrische Prüfung G2</u> (Parallelität der Mittelnut zur Längsbewegung)

Zul. Abweichung :0,03 mm auf 500 mm , für die gesamte Messlänge max. 0,05 mm

Ergebnis: die Messergebnisse liegen für die linke und die rechte Seite der Mittelnut innerhalb der zul. Toleranz

Geometrische Prüfung G3 (Geradheit der Mittelnut)

Zul. Abweichung :0,02 mm auf 500 mm , für die gesamte Messlänge max. 0,05 mm

Ergebnis: die Messergebnisse liegen für die linke und die rechte Seite der Mittelnut innerhalb der zul. Toleranz

Geometrische Prüfung G4 (Rechtwinkligkeit der Längs- zur Querbewegung)

Zul. Abweichung: **a** und **b** 0,03 mm auf 500 mm Messlänge

Ergebnis: die Messergebnisse für **a** und **b** liegen innerhalb der zul. Toleranz

Geometrische Prüfung G5 (Parallelität der Aufspannfläche)

Zul. Abweichung: **a** und **b** 0,03 mm auf 500 mm Messlänge

Ergebnis: die Messergebnisse für **a** und **b** liegen innerhalb der zul. Toleranz

Geometrische Prüfung G6 (Rechtwinkligkeit der Bohrspindel zur Aufspannfläche)

Zul. Abweichung: **a** und **b:** 0,025 mm für 300 mm (Revolverkopf)

Ergebnis: die Messergebnisse für **a** und **b** liegen innerhalb der zul. Toleranz

Geometrische Prüfung G7 (Rechtwinkligkeit der Aufspannfläche zur Senkrechtbewegung des Revolverschlittens)

Zul. Abweichung: **a** und **b:** 0,04 mm für 300 mm (Revolverkopf)

Ergebnis: die Messergebnisse für **a** und **b** liegen innerhalb der zul. Toleranz

<u>Geometrische Prüfung G8</u> (Rundlauf der Aufnahme der Bohrspindel)

<u>Ballbar Diagnose QC 10</u>

42

Zul. Abweichung: **a:** 0,02 mm **b:** 0,03 mm

Ergebnis: die Messergebnisse für **a** und **b** liegen innerhalb der zul. Toleranz

2.7   Crimpmontage

2.7.1   Aufgabenstellung

Eine bestehende Anlage zur Montage von Crimpverbindungen ist zu automatisieren. Folgende Forderungen sind zu berücksichtigen:
- verschiedene Steckerausführungen mit 2,4 oder 5 Kontakten
- unterschiedliche Beschaltungen z.B. 5 polig Stecker Ader 1 und 5 beschaltet
- unterschiedliche Drahtsorten z.B. rot, grün, blau maximal 5 verschiedene Farben gleichzeitig
- unterschiedliche Drahtlängen stufenlos von 50 mm bis 300 mm.

1. Analysieren Sie die derzeitigen Anlage!
2. Erstellen Sie eine Anforderungsliste zur Klärung der Aufgabenstellung.
3. Konzipieren Sie eine Lösung und bewerten Sie Ihre Varianten.

2.7.2   Versuchsbedingungen

Die Anlage besteht aus einem C-Gestell und einem von oben kommenden senkrecht wirkenden Pneumatikzylinder. Der Pneumatikzylinder ist einfachwirkend mit Federrückstellung und wird über ein 5/2-Wegeventil angesteuert.

Ein weiterer kleinerer doppeltwirkender Zylinder zieht nach Betätigung des senkrecht wirkenden Zylinders den Werkzeugschlitten um eine Position weiter. Er wird ebenfalls über ein 5/2-Wegeventil angesteuert und ist parallel zum Werkstückschlitten angebracht. Der senkrecht wirkende Zylinder presst einen Draht in den Stecker und schneidet gleichzeitig den überstehenden Rest ab. Ausgelöst wird der Vorgang auf zwei Arten:

1. der eingeführte Draht stößt an einen Schalter

2. über ein Fußpedal

Anforderungsliste zur Automatisierung der Crimpmontage:

1. automatische Befüllung des Magazins

2. automatisches weiterfahren des befüllten Magazins

3. automatische Drahtzufuhr mit Längenvariation (je nach Anforderung)

4. automatischer Abtransport der fertigen Crimps

2.7.3 Lösungsmöglichkeiten der Anforderungen

Die Lösungsmöglichkeiten der Anforderungen sind in Tabelle 21 dargestellt.

Tabelle 21: Lösungsmöglichkeiten – Versuch Crimpmontage

Aufgabe nach Anforderungsliste	bekannte Lösungsmöglichkeiten		
1	Vibrationsförderer ein Förderer pro Steckertyp A B C		
2	Pneumatikzylinder zieht Schlitten schrittweise A B C		
3	über eine Rolle pro Typ, eine Abschneidvorrichtung ist integriert A	fertig ausgeliefert und über Fördersystem B C	
4	Sortiertrommel mit Rutsche A	eine große Kiste B	Förderband mit Sortierarm C

2.7.4 Versuchauswertung

Der Versuch wurde mittels Konzeptvergleich, siehe Tabelle 22, ausgewertet.

Tabelle 22: Konzeptvergleich – Versuch Crimpmontage

ANFORDERUNGEN	Variante A	VARIANTE B	VARIANTE C
einfache Anlieferung der Materialien	5	2	2
Endprodukt getrennt sortiert	5	2	5
SUMMEN	10	4	7

Daraus ergibt sich, dass die beste Variante, Variante A ist.